Israr Ghani
Zeeshan Niaz

Suscetibilidade dos agentes patogénicos aos antibióticos

Israr Ghani
Zeeshan Niaz

Suscetibilidade dos agentes patogénicos aos antibióticos

ScienciaScripts

Imprint

Cover image: www.ingimage.com

This book is a translation from the original published under ISBN 978-620-2-30430-6.

Publisher:
Sciencia Scripts
is a trademark of
Dodo Books Indian Ocean Ltd. and OmniScriptum S.R.L publishing group

120 High Road, East Finchley, London, N2 9ED, United Kingdom
Str. Armeneasca 28/1, office 1, Chisinau MD-2012, Republic of Moldova, Europe
Managing Directors: Ieva Konstantinova, Victoria Ursu
info@omniscriptum.com

Printed at: see last page
ISBN: 978-620-8-60618-3

ÍNDICE DE CONTEÚDOS

Capítulo 1	**5**
Capítulo 2	**17**
Capítulo 3	**18**
Capítulo 4	**30**
Capítulo 5	**38**
Capítulo 6	**39**

LISTA DE ABREVIATURAS

AMI	AMIKACIN
AMP	AMOXYCILLIN
ABBREVIATION	NON PROPRIETARY NAME
AUG	CLAVULINIC ACID-AMOXYCILLIN
AZM	AZITHROMYCIN
CAP	CHLORAMPHENICOL
CEC	CEFACLOR
CEFT	CEFOTAXIME
CEPH	CEPHRADINE
CFM	CEFIXIME
CIP	CIPROFLOXACIN
CL	CEPHALEXIN
CLI	CLINDAMYCIN
CLO	CLOXACILLIN
CLR	CLITHROMYCIN
COT	CO-TRIMOXAZOLE
CRO	CEFTRIXONE
CZ	CEFAZOLIN
DOX	DOXYCYCLIN
ENO	ENOXACIN
ERY	ERYTHROMYCIN
FLU	FLUCLOXACILLIN
FOS	FOSFOMYCIN
FOX	CEFOXATIN
FUS	FUS FUSCIDIC ACID
GEN	GENTAMYCIN
IMP	IMIPENEM
LIN	LINCOMYCIN
LNZ	LINEZOLID
LEV	LEVOFLOXACIN
LOM	LOMEFLOXACIN
MEM	MEROPENEM

MIN	MINOCYCLINE
MXF	MOXIFLOXACIN
MZ	METRONIDAZOLE
NIT	NITNITROFURANTION
NOR	NORNORFLOXACIN
OFL	OFLOXACIN
PEN	PENICILLIN
QDA	QUINUPRISTIN-DALFOPRISTIN
RIF	RIFAMPICIN
SUL	SULPHAMETHOXAZOLE
TEC	TEICOPLANIN
TET	TETRACYCLIN/OXTTETRACYCLIN
TOB	TOBRAMYCIN
TRI	TRIMETHOPRIME
TZP	TAZOBACTAM-PIPRACILLIN
UNA	SULBACTAM-AMPICILLIN
VAN	VANCOMYCIN
ZOX	CEFTIZOXIME
SPR	SULBACTAM-PIPERACILLIN
SCF	SULBACTAM-CEFOPERAZONE

PADRÃO DE SUSCEPTIBILIDADE DE VÁRIOS ISOLADOS DE HEMOCULTURAS APRESENTADAS NO INSTITUTO DE PATOLOGIA DAS

INSTITUTO DE PATOLOGIA DAS FORÇAS ARMADAS

Introdução (AFIP):

Depois de 1947, o tenente-coronel Sarup Narayan foi o primeiro comandante deste laboratório, na altura da independência. Pertencia a Rawalpindi e tinha optado alegremente por ficar e servir no Paquistão. No entanto, devido a algumas razões, sentiu dificuldade em continuar a viver no Paquistão e emigrou para a Índia por motivos pessoais. Era um patologista muito inteligente e trabalhador. Chegou ao posto de tenente-general no Corpo Médico do Exército Indiano e foi nomeado Diretor dos Serviços Médicos (Investigação).

Após a independência, o Corpo Médico do Exército do Paquistão (AMC) foi criado a partir dos recursos fragmentados disponíveis (monetários e humanos). Dois oficiais superiores do IMS, o tenente-general S.M.A. Faruki e o tenente-general Wajid Ali Khan Burki, desempenharam um papel fundamental nos primeiros anos de formação do AMC. Pouco tempo depois, o Laboratório de Comando de Rawalpindi foi elevado ao estatuto de Laboratório Patológico Militar Central (LPMC). O CMPL tinha começado a sua existência num pequeno local como Laboratório Central de Diagnóstico e Referência para o Exército, a Marinha e a Força Aérea. Para além de ser um laboratório de diagnóstico, foi-lhe também atribuída a tarefa de produção de alguns reagentes e bioprodutos. Este foi o modesto início e os serviços evoluíram gradualmente para um instituto abrangente, atualmente designado por Instituto de Patologia das Forças Armadas (AFIP). Dispunha de equipamento muito básico, de infra-estruturas limitadas e os testes utilizados eram convencionais e muito básicos. Está situado no interior de um hospital militar combinado, perto do quartel-general de Rawalpindi. Os departamentos de diagnóstico incluem microbiologia, histopatologia, hematologia, patologia química, virologia e medicina nuclear endocrinológica. O Major-General Ayub desempenha atualmente as funções de comandante da AFIP. No departamento de microbiologia, há uma sala de PCR, preparação de meios, serologia, parasitologia, esterilidade e salas de testes de água com sala de bacteriologia.

Capítulo 1

INTRODUÇÃO E REVISÃO DA LITERATURA

1.1 INFECÇÃO DA CORRENTE SANGUÍNEA

Uma das causas mais importantes de mortalidade e morbilidade é a infeção da corrente sanguínea (Diekema et al., 2003). Estão frequentemente associadas a síndromes que exigem o internamento em unidades de cuidados intensivos, como a sépsis e o choque sético (Balk, 2000). A infeção da corrente sanguínea é frequentemente causada por cateteres do sistema nervoso central, tipo de doença, más práticas de lavagem das mãos do pessoal médico (Weinstein et al., 1997). A infeção da corrente sanguínea ocorre sobretudo no trato geniturinário, nos focos intra-abdominais e no trato respiratório (Jarvis, 2002). Para os doentes infectados pela corrente sanguínea, a cultura de uma amostra de sangue é muito específica e o teste de suscetibilidade aos antibióticos é muito adequado para a terapia desses doentes (Bohte et al., 1995). A administração rápida e precoce da terapêutica antibiótica reduz a taxa de mortalidade e morbilidade (Leibovici et al., 1992, Diekema et al., 1999).

1.2 SANGUE:

É um líquido de cor vermelha que circula nas artérias e veias dos animais e vertebrados, transportando oxigénio e dióxido de carbono dos tecidos do corpo. O sangue é o fluido mais importante do corpo. A temperatura do sangue é de 38°C. A quantidade de sangue depende do peso e do tamanho do corpo. Um homem que pesa 70 kg tem 5 a 6 litros de sangue no seu corpo.

1.3 AS TRÊS PRINCIPAIS FUNÇÕES DO SANGUE:

1.3.1 Transporte:

Quando inalamos oxigénio, este vai para os pulmões. O sangue, através da hemoglobina, transporta o oxigénio dos pulmões para as células, o que é importante para o metabolismo, e transporta o dióxido de carbono dos pulmões, onde é exalado.

1.3.2 Regulamento:

O sangue ajuda a manter certos valores do corpo em condições corretas. Por exemplo, faz a termoregulação do corpo. Isto é feito tanto pelo plasma sanguíneo, que pode absorver ou libertar calor, como pela velocidade a que o sangue flui. Quando ocorre uma vasodilatação, o sangue flui mais lentamente e perde calor lentamente. Quando a temperatura ambiente é baixa, ocorre vasoconstrição, de modo a que se ganhe o mínimo de calor possível. Mesmo o valor de PH do sangue é mantido num nível ideal para o corpo. O valor do PH indica-nos se um líquido é ácido ou alcalino. Um valor constante de pH é muito importante para as funções corporais. O valor normal do pH do sangue é de 7,3 a 7,5.

1.3.3 Proteção:

Se um vaso sanguíneo for danificado, os factores de coagulação coagulam muito rapidamente e asseguram que um arranhão, por exemplo, pára de sangrar; é assim que o corpo se protege contra a perda de sangue. Os glóbulos brancos e outras quimiocinas desempenham um papel importante no sistema imunitário.

1.4 CULTURA DE SANGUE PARA DETECÇÃO DE BACTÉRIAS:

A hemocultura é um dos testes mais importantes em caso de infeção da corrente sanguínea/sepsia. A amostra é recebida pelo laboratório de microbiologia para cultura, e a cultura de sangue é normalmente o método mais sensível para a deteção de bacteriemia ou fungemia.

1.5 CONSTITUINTES DO SANGUE:

Sete por cento do peso total do corpo humano é sangue (Bajpai et al.) e a densidade do sangue é muito próxima da água, cerca de 1060 kg/m3. O volume médio de sangue no adulto é de cerca de 5-6 litros para um peso corporal de cerca de 65 kg no caso dos homens. Nas mulheres, o volume de sangue é de 4-5 litros. É composto por plasma e corpúsculos, também chamados elementos formados, que consistem em eritrócitos (glóbulos vermelhos), leucócitos (glóbulos brancos) e trombócitos (plaquetas). Em volume, os glóbulos vermelhos constituem cerca de 45% do sangue total, o plasma cerca de 54,3% e os glóbulos brancos cerca de 0,7%.

Se toda a hemoglobina humana estivesse livre no plasma em vez de estar contida nas hemácias, o fluido circulatório seria demasiado viscoso para que o sistema cardiovascular funcionasse eficazmente e a circulação também seria lenta se o sangue fosse fino e se movesse rapidamente. Se o sangue humano for centrifugado, divide-se em três fracções: a camada superior é o plasma, a segunda é a camada de buffy coat, que é fina, e na parte inferior vêem-se os eritrócitos.

1.5.1 Células:

Um microlitro de sangue nas mulheres contém 4,2 a 5,4 milhões e nos homens 4,7 a 6,1 milhões de eritrócitos (Cecksteryte et al., 2012). Nos mamíferos, as hemácias maduras não possuem núcleo e organelos. As diferentes células sanguíneas podem ser diferenciadas com base nas glicoproteínas. A porção de sangue que contém hemácias chama-se hematócrito, que é cerca de 45% (Ismail e Jaafar, 2012). Os leucócitos desempenham a função principal no sistema imunitário do nosso corpo. O aumento dos leucócitos é designado por leucemia. Os trombócitos também desempenham uma função na coagulação do sangue.

1.5.2 Plasma:

O meio líquido do sangue é o plasma, que é cerca de 55% e de cor amarela. O volume de plasma é de 2,7 a 3,0 litros numa média de sangue humano. É uma solução aquosa que contém 92% de água e 8% de proteínas do plasma sanguíneo e vestígios de outros materiais. O plasma faz circular os nutrientes dissolvidos, como a glucose, os ácidos gordos e os aminoácidos, e também remove os resíduos.

Outros componentes importantes do sangue incluem,

Electrólitos

Proteínas

Materiais para a coagulação do sangue

Imunoglobulina

1.6 CULTURA DO SANGUE

A hemocultura é um exame importante para detetar uma infeção no sangue quando há suspeita de bacteremia ou septicemia. Normalmente, o sangue é esterilizado. Uma hemocultura mostra que tipo de bactéria ou fungo está presente no sangue.

1.7 INDICAÇÕES PARA CULTURA:

As hemoculturas devem ser obtidas antes da terapêutica antimicrobiana para qualquer doente em que haja suspeita de bacteriemia ou fungemia, incluindo doentes hospitalizados e doentes em ambulatório selecionados com febre e leucocitose ou leucopenia

1.7.1 Sepsis:

É uma doença potencialmente fatal que surge quando a resposta do organismo a uma infeção provoca lesões nos seus próprios tecidos e órgãos. Os sinais e sintomas mais comuns incluem febre, dor de cabeça, aumento da frequência cardíaca e da frequência respiratória. O fluxo sanguíneo insuficiente pode ser causado por tensão arterial baixa, lactato sanguíneo elevado ou débito urinário baixo. O choque sético é a pressão arterial baixa devido à sépsis que não melhora após a administração de quantidades razoáveis de fluidos intravenosos (Dellinger et al., 2013). A infeção é mais frequentemente causada por bactérias, parasitas, vírus e fungos. A localização principal da infeção primária é o cérebro, o trato urinário e os pulmões. Os factores de risco incluem o enfraquecimento do sistema imunitário devido a doenças como o cancro ou a infeção pelo VIH, a idade avançada, a juventude e as queimaduras. Recomenda-se a realização de hemoculturas, de preferência antes de se iniciarem os antibióticos. A sepsia é normalmente tratada com fluidos intravenosos e antibióticos. Os antibióticos sensíveis são normalmente administrados o mais rapidamente possível. Isto é frequentemente feito na unidade. A reposição de fluidos ou outros medicamentos são administrados para fazer face ao aumento da temperatura. A diálise ou a ventilação médica são administradas para ajudar os pulmões e a função renal. (Jamieson et al., 2014)

1.7.2 Staphylococci:

Os estafilococos são cocos gram-positivos que formam cachos semelhantes a uvas; alguns outros tipos de micrococos também podem formar cachos. Os estafilococos encontram-se habitualmente no ambiente e são também a flora normal da nossa pele, tal como nas narinas anteriores, como comensais. Algumas espécies patogénicas importantes de estafilococos são

1) *Staphylococcus aureus*
2) Staphylococcus saprophyticus. Pode causar infecções do trato urinário nas mulheres
3) Staphylococcus epidermidis. Trata-se de um agente patogénico opertunístico, que causa infecções em doentes imunocomprometidos

Outra espécie patogénica formadora de aglomerados é o peptococcus - cocos Gram-positivos, mas é um anaeróbio estrito.

1.7.3 Morfologia:

São cocos Gram-positivos esféricosθ.8 μm de diâmetro dispostos em forma de aglomerado como filmes de pus ou formam um meio sólido. Podem aparecer no caldo como pequenos grupos, cadeias curtas, pares. São não-móveis, não-capsulados e não formadores de esporos.

1.7.4 Caraterísticas culturais:

Crescem melhor em meios normais com pH ótimo de 7,5 a uma temperatura de 35÷2. São também anaeróbios facultativos. Os meios utilizados para os estafilococos que contêm nutrientes são o sangue e o ágar MacConkey. Os meios indicadores selectivos utilizados para os estafilococos são o ágar fosfato de fenolftaleína e o ágar de sal de manitol. Estes meios selectivos são utilizados para a identificação de estafilococos em crescimento misto e também em intoxicações alimentares causadas por estafilococos.

As colónias *de S.aureus* após incubação nocturna a 35±2 C aparecem com uma cor amarela a dourada em ágar nutriente com um tamanho de cerca de 1 -3 mm. As colónias de S.epidermidis e S.saprophyticus são de cor branca e têm a mesma dimensão de S.aureus.

1.7.5 Enzimas de staphylococcus aureus:

1) Catalase que converte H2O2 em 02 e H20, todas as estirpes de estafilococos são catalase positivas.

2) Coagulase que converte o fibrinogénio em fibrina; todas as estirpes de estafilococos são coagulase positivas. O teste da coagulase pode ser efectuado de duas formas: coagulase em lâmina e coagulase em tubo. Esta enzima coagulase do estafilococo pode ser coagulase livre ou coagulase ligada, a coagulase ligada aglutina os cocos no teste da coagulase em lâmina e a coagulase livre transforma o plasma de citrato num gel firme, que é detectado no teste da coagulase em tubo

3) Fosfatase que quebra o corpo de fosfato

4) A hialuronidase divide o ácido hialurónico

5) As lipases quebram os lípidos

6) A beta-lactamase decompõe a penicilina atacando o seu anel estrutural, pelo que o estafilococo se mostra resistente aos antibióticos penicilina e β-lactâmicos. Mais de 90% dos estafilococos aureus produzem estas enzimas.

7) A estafilocinase divide a fibrina na formação do coágulo

Toxinas de staphylococcus aureus:

1) As leucocidinas PV matam os glóbulos brancos.

2) As toxinas esfoliantes provocam a descamação da pele, bem como a síndrome da pele acalmada.

3) Hemolisina alfa (α), beta (β), gama (γ) e teta (δ) toxina alfa fortemente ativa, toxina beta em glóbulos vermelhos de ovelha, com toxina gama e teta a atuar em glóbulos vermelhos de cavalo e humanos. Epsilon-hemolisina produzida por estafilococos coagulase negativos que actuam em glóbulos vermelhos de ovelha e coelho.(2012a)

1,8 INFECÇÕES POR S.AUREUS:

O Staphylococcus aureus é um agente patogénico, mas também um agente comensal. O principal local de colonização no ser humano são as narinas anteriores. Os portadores de S.aureus cerca de 20-30% são persistentes, o que significa que são sempre colonizados por S.aureus. cerca de 30% colonizam transitoriamente (Katakweba et al., 2016). Quando o sistema imunitário do hospedeiro está comprometido, a colonização de estafilococos aumenta a probabilidade de infeção (Hulterstrom et al., 2016).

O S. aureus causa consequências graves, uma vez que é a principal causa de infecções adquiridas em hospitais (Aklilu et al., 2016). O S. aureus, que causa infecções nosocomiais, afecta a corrente sanguínea, o trato respiratório inferior, os tecidos moles e a pele. S. aureus também pode causar infecções profundas graves, como osteomielite e endocardite (Molina-Manso et al., 2016). S. aureus é responsável pela síndrome da pele escaldada, síndrome do choque tóxico, doenças estafilocócicas transmitidas por alimentos, que são doenças mediadas por toxinas. Os doentes imunocomprometidos estão normalmente expostos a infecções por S. aureus devido a injecções, inserções frequentes de cateteres (Wilson et al., 2016).

1.8.1 Exotoxinas

Uma das caraterísticas mais importantes do estafilococo aureus é o facto de segregar toxinas que rompem a membrana da célula hospedeira. As toxinas citolíticas, que actuam no citoplasma, rompem a membrana celular e provocam a lise da célula (Hisatsune e Sugai, 2016).

S. aureus segrega vários tipos de toxinas, algumas das quais alfa-hemolisina, β-hemolisina, γ-hemolisina e pentavalentleucocidinas (PVL) (Faroka et al.).

O gene Hla codifica a alfa-hemolisina, a alfa-hemolisina é particularmente citotóxica para monócitos e plaquetas (Trouillet-Assant et al., 2016), a PVL depende de duas proteínas segregadas (LukF-PV e LukS-PV) que se inserem na membrana citoplasmática do hospedeiro e se hetero-oligomerizam para formar um poro, pelo que é classificada como biocomponente citolisina (Faroka et al.).

1.1.2 Ação dos antibióticos β-lactâmicos:

A penicilina, a cefalosporina e os β-lactâmicos resistentes à penicilinase, como a meticilina e a oxacilina, são bactericidas e inibem a síntese de peptidoglicano. Isto é feito pelo domínio da transpeptidase de PBPs na parede celular, enzima que inativa a etapa de transpeptidação na síntese de peptidoglicano (Liu et al., 2016). Os antibióticos β-lactâmicos são análogos estruturais das PBPs, d-alanil-d-alanina do peptídeo Stem do peptidoglicano. A ação das PBP e dos antibióticos β-lactâmicos inicia-se com uma associação não covelar. A clivagem da ligação amida cíclica do antibiótico beta-lactâmico ocorre quando a PBP se liga ao antibiótico no seu sítio ativo. O substrato da PBP d-alanil-d-alanina sofre desacilação por hidrólise, o que liberta a PBP para a ronda seguinte de trans-peptidação. Quando a PBP é efetivamente inactivada e o processo de desacetilação é lento, ocorre quando o substrato é um antibiótico β-lactâmico. A síntese da parede celular é inibida quando o PBP funcional não está presente e ocorre a morte celular (Del Rio et al., 2016).

1.1.3 Mecanismo de resistência às B-lactamases:

As B-lactamases são proteínas com atividade enzimática que inactivam o antibiótico de anel β-lactâmico semelhante aos β-lactâmicos utilizados para inibir as PBP. Quando se liga entre si, resulta na formação de um intermediário acetilado. O antibiótico β-lactâmico resistente e a β-lactimase ativa são libertados (Fernea et al., 2016). O gene Bla Z codifica a β-lactamase que é transportada num plasmídeo ou localizada num transposão. Quando o antibiótico β-lactâmico está presente, a β-lactamase é expressa.

1.9 PROPRIEDADES IMPORTANTES DOS ESTAFILOCOCOS COAGULASE NEGATIVOS:

Os estafilococos coagulase-negativos têm sido recentemente alvo de atenção como potencial agente patogénico, especialmente em infecções nosocomiais, e também se encontram na flora normal da pele e das mucosas. As infecções causadas por estafilococos coagulase-negativos (ECN) estão a aumentar em todo o mundo (Brumfitt e Hamilton-Miller, 1989, Sheagren, 1984). Existe uma diferença entre o Staphylococcus aureus e o CoNS, pelo que é muito importante distinguir clinicamente (Brumfitt e Hamilton-Miller, 1989, Sheagren, 1984). É o principal agente causador de infecções de dispositivos intravasculares e protésicos e de infecções de feridas seguidas de cirurgia cardiotorácica. Estes organismos causam maioritariamente osteomielite e endocardite na ausência de próteses. A maioria das infecções humanas é causada por Staphylococcus epidermidis, s-haemolyticus, s-hominis, s-wernerii, s-saprophyticus. Estes são agentes patogénicos comuns adquiridos em hospitais, mas menos virulentos do que o estafilococo aureus e a infeção causada por estes é mais indolente porque os estafilococos são habitantes normais da pele humana. A infeção é mais provável se o doente tiver um corpo estranho, como um pacemaker, uma derivação do líquido cefalorraquidiano ou um cateter de diálise peritoneal. A infeção é mais provável se a mesma estirpe for consistentemente isolada de duas ou mais hemoculturas (especialmente se as amostras tiverem sido obtidas em alturas diferentes e a partir de locais com corpos estranhos). O padrão de suscetibilidade antimicrobiana e a especiação são utilizados para determinar se uma ou mais estirpes são isoladas de hemoculturas. O método de tipagem mais autêntico é a eletroforese em gel de campo pulsado do ADN cromossómico digerido por enzimas de restrição, que pode ser necessário para identificar estirpes distintas. As estirpes CONS são geralmente resistentes aos B-lactâmicos e a vários outros antibióticos. Para os doentes com funções renais normais, deve ser administrada vancomicina 1g em caso de suspeita de infeção por estes organismos até que seja confirmada a suscetibilidade às penicilinas resistentes à penicilinase ou a outros agentes (A.papadakis, 2012).

1.10 ENTEROBACTERIACEAE:

A família enterobacteriaceae é constituída por bactérias Gram-negativas, aeróbias (anaeróbias facultativas), que crescem melhor em meio artificial e não esporulam. Cetrobacter, enterobacter, Escherichia, klebsiella, Edwarsiella, Salmonella, Arizona, Hafnia, Serratia, Proteus, providentia, Yersinia.

1.10.1 Caraterísticas gerais da família:

1) Bastonetes Gram-negativos
2) Não formam esporos
3) Se tiverem flagelos peritríquios, serão móveis
4) Serão aeróbios (anaeróbios facultativos)
5) Serão catalase positivos, exceto Shigelladysentria tipo 1
6) Todos estes são oxidase negativos.
7) Estes redutores de niteratura
8) Alguns destes fermentadores de lactose (LF) citerobacter, enterobacter, E.coli, klebsiella

9) Crescem em meio MacConkey

1.10.2 Com base na fermentação da lactose, são classificados como

A) Fermentação da lactose

1) E.coli

2) Klebsiellapneumoneae

3) Enterobacter

B) Fermentador de lactose tardio

1) Edwarsiella

2) Serratia

3) Citerobacter

4) Providensia

C) Fermentador sem lactose

1) Salmonela

2) Shigella

3) Proteus

4) Pseudomonas

1.10.3 Morfologia e cultura:

Os bastonetes Gram-negativos entéricos variam entre 1-4 microns de comprimento e 0,8 a 0,8 microns de respiração. A maioria dos bastonetes entéricos Gram-negativos é móvel. É efectuada uma série de testes para a identificação de enterobactérias. Estes incluem;

1) Vermelho de fenol como indicador

2) Caldo de triptona

3) Teste da catalase em ágar nutriente que decompõe o H2O2 em H2o e 02, na presença da

enzima catalase.

4) Teste da oxidase em ágar nutriente, a enzima oxidase reage com a amina aromática e produz uma cor púrpura.

5) Teste de gelatina nutritiva que detecta a atividade da enzima gelatinase.

1.10.4 Patogenicidade de enterobactericeae:

1.11 KLEBSIELLA:

Trata-se de bastonetes Gram-negativos. A espécie mais importante deste género é a Klebsiella pneumonia. Estes géneros encontram-se sobretudo no solo, na água e no trato intestinal do ser humano. Não formam esporos, estão encapsulados e não são móveis. Tem quatro espécies:

1) K.pneumoniae

2) K. oxytoca

3) K.ornithinolytica

4) K.planticola

K.pneumoniae e K.oxytoca são espécies significativas, enquanto quatro subespécies de K.pneumoniae têm importância médica;

1) Subsp.pneumoniae

2) Subsp.aerogenes

3) Subsp.rhinoscleromatis

4) Subsp.ozanae(2012b)

4.1.1 Patogenicidade do género Klebsiella:

A patogenicidade é definida como a capacidade de uma bactéria causar uma doença. A Klebsiella causa frequentemente infecções nosocomiais. A espécie de importância médica K.pneumoniae tem uma proporção significativa de infecções hospitalares do trato urinário, pneumonia e septicemias. O trato gastrointestinal e as mãos do pessoal hospitalar são as principais vias de transmissão (Podschun e Ullmann, 1998). A K. oxytoca é isolada em muito menor grau a partir de amostras clínicas humanas. Cerca de 8% de todas as infecções bacterianas nosocomiais nos Estados Unidos e na Europa. Mas não se registaram mais variações geográficas na frequência. A Klebsiella situa-se entre os oito agentes patogénicos infecciosos mais importantes, representando 3-7% de todas as infecções nosocomiais (Horan et al., 1988). As infecções por Klebsiella envolvem doenças do trato urinário e doenças pulmonares

Suspeita-se que o padrão dos factores de virulência destas duas doenças seja diferente um do outro. Há uma variedade de factores que contribuem para a patogénese destas bactérias. A investigação atual incide sobre os cinco factores responsáveis pela patogenicidade da Klebsiella.

4.1.2 Antigénios capsulares

A cápsula de Klebsiella é composta por polissacáridos ácidos complexos. As subunidades repetitivas da cápsula são constituídas por quatro a seis açúcares, ácidos urónicos (componente com carga negativa), classificados em 77 tipos serológicos (Qrskov e Orskov, 1984). As cápsulas são muito importantes para a virulência destas bactérias (Cryz et al., 1984, Domenico et al., 1982, Ehrenworth e Baer, 1956). O material capsular fibroso cobre as bactérias. Tem duas funções: protege as bactérias da fagocitose (Podschun e Ullmann, 1993, Podschun e Ullmann, 1992, Simoons-Smit et al., 1985, Simoons-Smit et al., 1986) e impede as bactérias de factores bactericidas no soro (Simoons-Smit et al., 1986)

4.1.3 Pilosidades (fímbrias):

ft é o componente mais importante do microrganismo para a aderência. Estas estruturas têm até 10 µm de comprimento e 1-11nm de diâmetro (Peha et al., 1998). São constituídas por uma proteína pilina de massa molecular de 15-26 kDa (Jones e fsaacson, 1982). Estão descritos diferentes tipos de pili nas enterobactérias, mas dois tipos são predominantes em Klebsiellaspp (Old et al., 1985, Podschun et al., 1987, Hessek e Pulverer, 1983)

4.1.4 Resistência aos lipopolissacáridos e ao soro:

Efeitos do soro contra bactérias por fagocitose e granulócitos polimorfonucleares. As proteínas do complemento medeiam a atividade bactericida e são activadas em cascata. Estas proteínas acumulam-se na superfície do microrganismo (Taylor, 1983). C5b e C9 produzem um poro trans-membranoso na membrana externa das bactérias Gram-negativas (Ramm et al., 1983). A cascata do complemento é activada por dois mecanismos: a via clássica do complemento, que é activada na presença de anticorpos, e a via alternativa, que é activada na ausência de anticorpos. A via alternativa permite que o hospedeiro reaja ao microrganismo invasor antes da produção de anticorpos (Joiner, 1988). Estas duas vias conduzem à ativação de C3 e C3b, o que resulta na formação do complexo C5-banda C9 e desempenha um papel na defesa. A maioria das bactérias Gramnegativas comensais são sensíveis ao efeito bactericida do soro humano, mas as estirpes patogénicas mostram resistência ao soro (Vosti e Randall, 1970).

1.12 PATOGENICIDADE DO GÉNERO ENTEROBACTER:

As espécies de Enterobacter são frequentemente isoladas de septicemia e infecções do trato urinário. Existem várias espécies de Enterobacter, como E.cloacae, E.aerogenes, E.liquefaciens, E.hafniae. A patogenicidade destes organismos também é semelhante à da Escherichia.

1.13 DOENÇAS DE ESCHERICHIA-coli:

A E.coli é a causa mais comum de infeção do trato urinário e de sepsis por bastonetes gram-negativos. É também o agente causador da meningite neonatal e da diarreia do viajante"uma diarreia aquosa. Algumas estirpes de E.coli são também responsáveis por causar diarreia sanguinolenta.

1.13.1 Propriedades importantes:

A E.coli é um bastonete gram-negativo reto, em contraste com os bastonetes gram-negativos curvos dos géneros Vibrio, Campylobacter e Helicobacter. A E.coli é o anaeróbio facultativo mais abundante no cólon e nas fezes. A E.coli fermenta a lactose; esta propriedade da E.coli é utilizada para a diferenciar dos dois agentes patogénicos intestinais, Shigella e Salmonella. Existem três tipos principais de antigénios que são utilizados para identificar o organismo nas investigações epimiológicas: o antigénio O, ou da parede celular, o antigénio H, ou flagelar, e o antigénio K, ou capsular. Uma vez que existem mais de 150 antigénios O, 50 H e 90 K, as várias combinações resultam em mais de 100 tipos antigénicos de E.coli.Um tipo específico de serótipos está associado a doenças específicas, por exemplo, O55 e 0111 de diarreia cuseneonatal.

1.13.2 Patogénese:

A E.coli que causa infecções do trato urinário é basicamente a flora do cólon do paciente, que coloniza a área urogenital. A meningite neonatal é causada pela E.coli do canal de parto da mãe. A ingestão de alimentos e água contaminados com fezes é responsável por causar diarreia aquosa. O principal reservatório da E.coli O157 enterohemorrágica é o gado e o organismo é adquirido em carne mal cozida. Duas das exotoxinas causam diarreia aquosa e uma causa diarreia sanguinolenta (Levinson, 2012).

Capítulo 2

OBJECTIVOS E METAS

1) Total de agentes patogénicos clínicos relacionados com a infeção da corrente sanguínea.

2) O organismo evoluiu para a infeção da corrente sanguínea.

3) Padrão de suscetibilidade aos antibióticos relacionado com diferentes microrganismos.

Capítulo 3

MATERIAL E MÉTODOS

Amostra colhida de pacientes que visitam a AFIP Rawalpindi. Só foram colhidas amostras positivas de 1 de fevereiro a 15 de março de 2016. Foram tomados os seguintes antibióticos para as diferentes espécies de antibióticos adequados utilizados.

3.1 MATERIAIS:

(1) Seringa

(2) Algodão

(3) Álcool (70%)

(4) Frascos Bac-Tec específicos

(5) Caldo BHI

(6) Laço calibrado

(7) Meios de comunicação

(8) Fio reto

(9) Salinas

(10) Beajubottle

(11) Discos de antibióticos

(12) Máquina de galvanização de discos

(13) Kit API 10S OU 20E (empresa Biomeriexx)

(14) Água

(15) Óleo

(16) Marcador

(17) Escala

(18) Lápis de cor

(19) Incubadora

(20) Congelador e frigorífico

(21) Microscópio

(22) Caixote do lixo e recipiente rígido e estanque

(23) Luvas

(24) Máscara

(25) Desinfetante

(26) Cotonete esterilizado

(27) Tabuleiro de transferência de suportes de impressão

(28) Ponta de esfera

(29) Gráficos de zonas de antibióticos

(30) Piodo

3.2 COLHEITA DE AMOSTRAS DE SANGUE:

1) Identifiquei o doente perguntando-lhe os seus dados e comparando-os com o formulário de pedido

2) Preparar rótulos adequados e colocá-los no recipiente adequado antes de colher a amostra

3) Preparar uma lista de testes que forneça informações sobre o tipo, a quantidade, o conservante e o armazenamento das amostras para várias análises ao sangue.

4) Selecionar uma seringa de tamanho adequado, de modo a que a quantidade de sangue necessária possa ser obtida numa única picada.

5) Em seguida, selecciono uma veia adequada (de preferência antecubital) do antebraço. Limpo bem a pele com álcool a 70%/espírito sobre o local de punção da veia (em círculo com cerca

de 5 cm de diâmetro).

- Aplicar iodo a 2% num círculo cada vez mais largo até que toda a zona escolhida esteja saturada de iodo
- Deixar o iodo secar na pele durante pelo menos um minuto.
- Remover completamente o iodo com álcool/espírito a 70%

6) Em seguida, introduzo a agulha na veia e retiro o êmbolo até obter a quantidade necessária.
7) Com o polegar, exercer pressão sobre a compressa anti-séptica no local da punção durante 2 a 4 minutos, até que o sangue escorra.
8) De seguida, retiro a agulha da seringa. Em seguida, o sangue no interior da seringa é distribuído para um recipiente devidamente rotulado.

3.3 MEIOS DE CULTURA DE SANGUE:

Infusão cérebro-coração (BHI), ágar-sangue, ágar Mac Conkey e utilizado para hemocultura. E ágar Muller Hinton para a sensibilidade aos antibióticos.

Ágar sangue:

O ágar-sangue é um meio de enriquecimento. Também pode ser utilizado como meio de seleção através da adição de alguns tipos de antibióticos. Como a quenamicina, selectiva para *S. pyogenes*. O sangue utilizado neste meio é o sangue de ovelha, mas podemos substituir o sangue de ovelha por sangue de cavalo ou de coelho. Não podemos utilizar sangue humano porque o sangue humano contém muitos inibidores.

3.4 PREPARAÇÃO DO MEIO:

3.4.1 Ágar sangue:

Para fazer aproximadamente 70 pratos ou 35, faço 35 pratos,

- Preparar 500 ml de ágar nutriente.
- Derreter na panela a vapor.
- Arrefecer até 50°C.

- Em seguida, adicionar 25 ml de sangue de carneiro desfebrado e esterilizado.
- Evitar a formação de bolhas ao misturar com ágar.
- Deitar 15 ml de meio de cultura em cada petrídeo.

3.4.2 Ágar de Mac Conkey:

Trata-se de um meio diferencial utilizado para distinguir os meios que fermentam a lactose dos meios que não fermentam a lactose. Alguns dos seus tipos não permitem o crescimento de *estaflococos.*

Ingredientes:

Peptona 20.0g

Lactose 10.0g

Ágar 12.0g

Água 1.0L

Vermelho neutro0.075g

Sal biliar 5.0g

Todos estes ingredientes estão disponíveis sob a forma de pó, quantificando-os e dissolvendo-os em água distal. Misturar completamente. O pH é ajustado para 7-7,4. Em seguida, incubar durante 15 minutos, a 121 graus Celsius a 15 psi. Em seguida, verter em placas de Petri descartáveis, durante o vertimento o ambiente será esterilizado, as placas de Petri e os meios também são esterilizados com calor, 15 ml em cada uma, a vida útil é de 30 dias e pode ser armazenado a 2-7 graus Celsius.

3.4.3 Ágar Muller Hinton:

Este meio é utilizado em testes de suscetibilidade antimicrobiana.

Ingredientes:

Infusão de carne de vaca 300 ml

Ágar 10g

Água destilada 1 L

Amido 1.5g

Caseína-dorolisado 17,5

Preperatio:

1) Em primeiro lugar, emulsionar o amido em água fria.
2) Adicionar o hidrolisado de caseína, emulsionar o amido, o ágar e agitar bem.
3) Aumentar o volume até 1 litro
4) Dissolver os constituintes por aquecimento a 100 C.
5) Em seguida, ajustar o pH para cerca de 7,3
6) Autoclavar a 121 c durante 15 minutos a 15 psi.
7) Deitar 15 ml em cada placa de Petri.

3.5 PROCEDIMENTO PARA A CULTURA DE SANGUE:

Um sistema automatizado de hemocultura Bact-Alert é utilizado para a hemocultura. Se a amostra for positiva, a máquina produz um som com um sinal vermelho. Os meios normalmente utilizados são a infusão cérebro-coração (BHI). Deitar três gotas de sangue em BHI. Em seguida, os frascos são incubados aerobicamente a 37 graus Celsius e examinados diariamente para verificar se há atividade visível; se aparecer turvação, então subcultura, mas se não aparecer turvação, então colocar os frascos até 3 dias na incubadora. É preferível efetuar uma subcultura após 24 horas, 36 horas, 96 horas e 7 dias em ágar sangue e ágar MacConkey. Os frascos são conservados durante 7 dias para a maioria dos organismos; no caso da endocardite, os frascos são conservados até 6 semanas. Se aparecer algum crescimento na subcultura, procede-se à identificação dos organismos. A identificação dos organismos é efectuada de várias formas:

- Morfologia das colónias e testes bioquímicos
- Por Índice de Perfil Analítico (API)

O método mais autêntico e mais recente é o índice de perfil analítico (API). Por exemplo, a identificação10S é utilizada para *Enterobacteriaceae* e outros bastonetes Gram-negativos não fastidiosos. Este método é constituído por 10 microtubos que contêm substratos desidratados. Estes testes são inoculados com uma suspensão bacteriana que reconstitui o meio. Durante

O metabolismo de incubação produz cores diferentes que são espontâneas e reveladas pela adição de reagentes. O primeiro isolado num meio de cultura adequado de acordo com técnicas microbiológicas padrão.

3.6 PREPARAÇÃO DA TIRA API:

Preparar uma caixa de incubação (tabuleiro e tampa) e distribuir cerca de 3-4 ml de água destilada pelos alvéolos do tabuleiro para criar uma atmosfera húmida. Retirar a tira da embalagem. Em seguida, colocar a tira na caixa de incubação. Este 10S,20E,20S (empresa Biomeriexx) só é utilizado para *enterobacteriaceae* e bastonetes gram-negativos fastidiosos.

10S Strep.

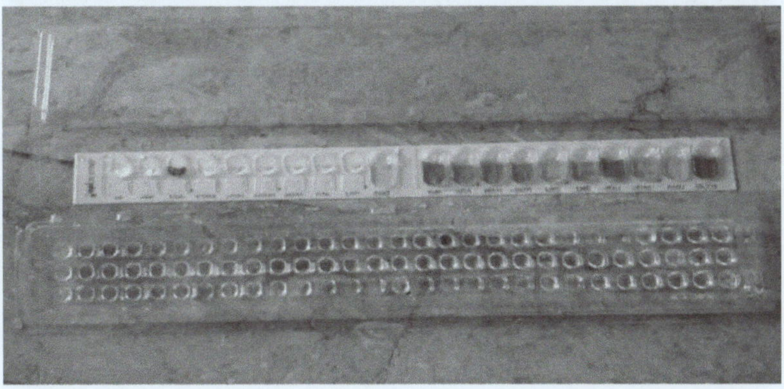

20S Strep.

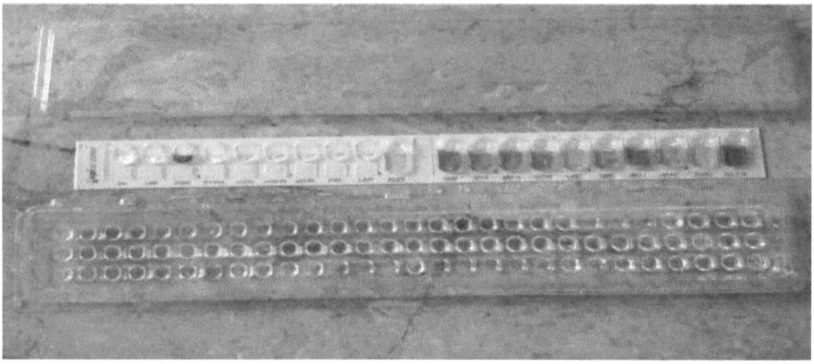

3.7 PREPARAÇÃO DO INÓCULO:

- Tomar 5 ml de solução salina esterilizada sem aditivos.
- Com uma pipeta, retirar uma colónia isolada de um poço de uma placa de isolamento. É preferível utilizar uma cultura jovem (18-24 horas de idade)
- Em seguida, obtenho uma suspensão homóloga, maxificando o organismo em soro fisiológico e formando uma solução de MacFarlane.
- Depois, utilizo a suspensão imediatamente após a preparação. Utilizando o fantoche.

3.8 INOCULAÇÃO NA TIRA:

Com a mesma pipeta, verter a suspensão para os tubos da tira. Evitar a formação de bolhas na base dos tubos.

- Teste CIT: encher o tubo e a cúpula.
- Para os outros ensaios, encher apenas os tubos.
- Para LDC, ODC, H2S, e URE criar anaerobiose por sobreposição com óleo mineral.
- Fechar a caixa de incubação.
- Em seguida, incubar a 35÷2 graus Celsius durante 18-24 horas.

3.9 LEITURA E INTERPRETAÇÃO:

3.9.1 Ler a faixa

- Após o período de incubação, efetuar a leitura da tira de acordo com a tabela de leitura.
- Em seguida, registar todas as reacções na folha de resultados.
- Revelar os testes que requerem a adição de reagentes.

  a. Teste TDA: adicionar uma gota de reagente TDA. O teste positivo aparecerá com uma cor castanha avermelhada e será registado na folha de resultados.

  b. Teste IND: Adicionar uma gota de reagente de JAMES. O teste positivo aparecerá cor-de-rosa em toda a cúpula.

  c. Teste de NO2: adicionar uma gota dos reagentes NIT 1 e NIT 2 ao tubo GLU. Aguardar 5 minutos. O teste positivo apresentará uma coloração vermelha. Os testes de redução do nirato e de produção de indol devem ser efectuados em último lugar.

3.9.2 Interpretação

A identificação é obtida através de um perfil numérico:

- Determinação do perfil numérico

Na folha de resultados, os testes são separados em três e os valores 1, 2 e 4 são indicados para cada um deles. Somando os valores correspondentes às reacções positivas com cada grupo, obtém-se um perfil numérico de 4 dígitos para os 10 testes da tira API 10 S. O teste da oxidase é o $^{11°}$ teste e a redução do nitrato a nitrito é o $^{12°}$ teste.

3.9.3 Identificação:

A identificação pode ser efectuada através de uma base de dados com perfil numérico.

Introduzir manualmente o perfil numérico de quatro dígitos:

TESTS	ACTIVE INGREDIENTS	QTY (Mg/cup.)	Reactions/enzymes	RESULTS NEGATIVE	 POSIVE
ONPG	2-NITROPHENYL-Bd-Galactopyranoside	0.223	B-galactosidase (Ortho-Nitrophenyl-βD galactopyranoside)	colorless	Yellow(1)
GLU	D-glucose	1.9	Fermentation/oxidation(GLUcose)	Blue/blue-green	Yellow/yellow gray
ARA	L-arabinose	1.9	Fermentation/oxidation(ARAbinose)	Blue/blue-green	yellow
LDC	L-lysine	1.9	Lysine DeCarboxylase	yellow	Red/red orange
ODC	L-ornithine	1.9	Ornithine Decarboxylase	yellow	Red/orange
CIT	Trisodiumciterate	0.756	CITerate utilization	Pale green/ yellow	Blue green/blue
H2S	Sodium thiosulfate	0.075	H2S production	Colorless/ grayish	Black deposit/ Thin line
URE	Urea	0.76	UREase	yellow	Red/orange
TDA	L-tryptophane	0.38	TryptophaneDeAminase	TDA/ immediates Yellow reddish brow	
IND	L-tryptophane	0.19	INDole production	JAMES/ immediates Colorless Pale green/yellow. pink	
OX	(see oxidase test package insert)	-	Cytochrome-OXidase	(see oxidase test package Insert)	
NO2	(GLU tube)	-	NO2 production	NIT 1+NIT 2/2-5 mint Yellow red	

(1) Considero o amarelo muito pálido positivo

(2) Leitura efectuada na aeróbica

A coleção de culturas do tipo americano (ATCC) foi utilizada neste kit 10S.

3.10 TESTAR A SENSIBILIDADE DOS ANTIBIÓTICOS:

É o teste mais importante após a identificação dos organismos. É também o teste mais importante para o tratamento da infeção bacteriana. O método de disco-difusão é a forma mais simples de determinar a suscetibilidade de uma amostra clínica. A zona de inibição à volta do disco de antibiótico mostra o grau de eficácia do antibiótico contra o organismo.

3.11 PROCEDIMENTO PARA TESTAR A SENSIBILIDADE AOS ANTIBIÓTICOS:

1) Selecionar pelo menos quatro ou cinco colónias bem isoladas com a mesma morfologia numa placa de ágar.

2) Tocar na parte superior das colónias com o laço de arame.

3) Transferir o crescimento para uma solução salina de 0,5 unidades e misturar na solução.

4) Colocar durante 15 minutos à temperatura ambiente.

5) Após 15 minutos, pegar no ágar Muller Hinton seco e numa compressa de algodão esterilizada.

6) Mergulhar a zaragatoa de algodão esterilizada na suspensão. Rodar a zaragatoa várias vezes, pressionando firmemente a parede interior do frasco de beajo acima do nível do líquido.

7) Em seguida, inocular na placa de ágar Muller Hinton seca, espalhando o esfregaço em toda a superfície do ágar.

8) Repetir a risca 2 vezes. Fazer também uma risca de 60 graus de cada vez.

9) Colocar o disco de antibiótico adequado para os diferentes organismos.

10) Na maioria dos casos, 7 discos são colocados num prato.

11) Colocar o disco na placa pelo método de difusão em disco.

12) Incubar durante a noite a 35±2 graus Celsius.

13) Na manhã seguinte, examinar a placa e medir as zonas de cada disco.

14) Interpretar a zona de inibição com o CLSI (Clinical Laboratory Standard Institute). Este método é o mais amplamente aceite no Paquistão e na maioria dos outros países.

3.12 Disco de antibiótico difuso de acordo com este padrão CLSI:

(1)

GNR

CLSI 2015

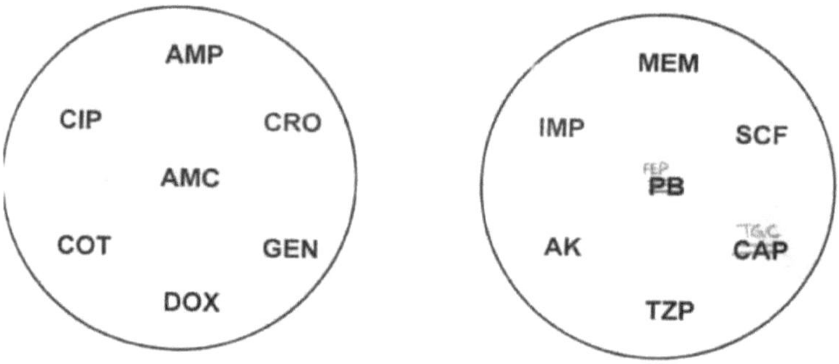

Specimens: Pus, Pus Swab, blood, Stool (*Salmonella* and *Shigella*)

PSEUDOMONAS SPP

CLSI 2015

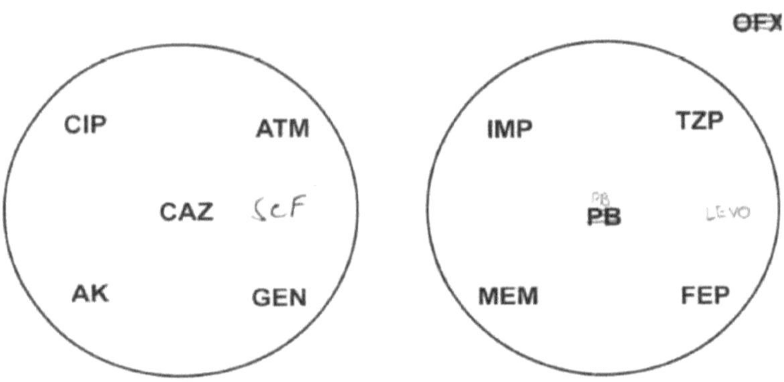

(CLSI 2015)

ENTEROCOCCUS SPP

CLSI 2015

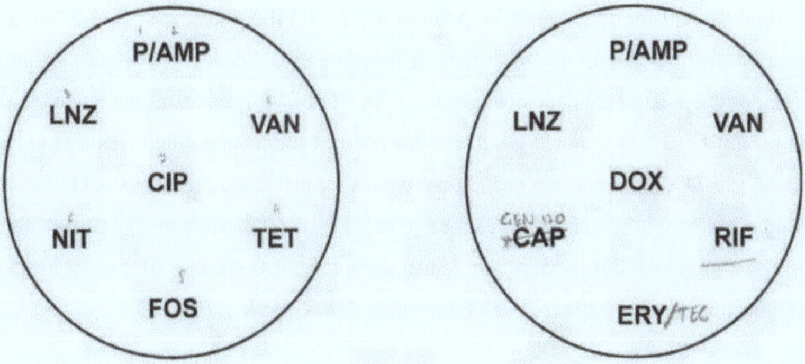

(CLSI 2015)

Tabela 3.1: Tabela para alguns organismos de acordo com o CLSI:

Common Antimicrobial agents	Abbrevi…	Disk potency	Resistant	Intermediate	Susceptible
Ampicillin for Gram-negative enteric organisms	AMP	10µg	<=13	14-16	> =17
For staphylococci			<=28	-	>=29
For Enterococci			<=16	-	>=17
For β-hemolytic			-------	--------	>= 24
Aztreonam For Pseudo	ATM/AZM	30µg	<=15	16-21	>=22
Cefoxitin / Cefazolin for Staph, Cefepime, Fox for Staph Fox For CoNS	FOX/CZ	30µg	<=14	15-17	>=18
			<=21	---------	>=22
			<=24		>=25
<u>Ceftazidime</u>	CAZ	30µg	<=17	18-20	>=21
<u>Ceftizoxime</u> for Pseudomonas & Staph	ZOX	30µg	<=21	22-24	>=25
<u>Cefdinir</u>			<=14	15-19	>=20
Levofloxacin	LEV	5 µg	<=13	14-16	>=17
			<=15	14-18	>=12
Doxycycline For Acineto For Staph/Entero	DOX	Teiciplanin 30	<=10	13-15	>=14
		30gµ	<=9	10-12	>=13
			<=12	13-15	>=16
Linezolid For Entero	Lzd	30µg	MIC	MIC	>=21
			<=20	21-22	>=23
Penicillin For Staphylococci	P	10units	<=28	------	>=29
Tobrcyclin /Ticarcillin	NN/TOB	10µg	<=12	13-14	>=16

Capítulo 4

RESULTADOS

Tamanho total da amostra de sangue 134, homens 87 (64,92%) e mulheres 47 (35,07%). Todos os isolados foram distribuídos em quatro grupos de acordo com as idades. O primeiro grupo é o dos recém-nascidos até um ano de idade dos doentes, com 14 (10,44%) amostras em que o género mais elevado é o *estafilococo*. O segundo grupo é o dos doentes com idades compreendidas entre 1 e 30 anos, com 68 (50,74%) amostras em que o género mais frequente é o *estafilococo*. O terceiro grupo é o dos doentes com idades compreendidas entre os 31 e os 60 anos, com 27 (20,14%) amostras, enquanto o quarto grupo é o dos doentes com idades compreendidas entre os 61 e os 90 anos, com 19 (14,17%) amostras, em que o género mais frequente é *Enterobacter*.

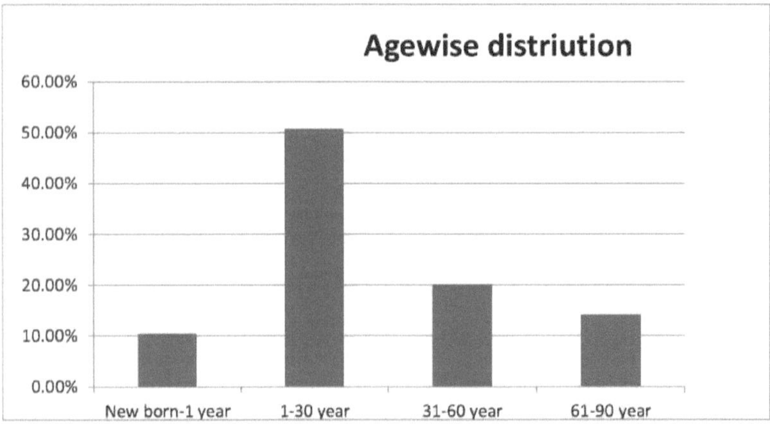

A maioria das espécies isoladas pertence à família *Enterobactericeae, tendo* sido fundados diferentes géneros *de Enterobacter,* 67 (50%) contendo diferentes espécies. O segundo género mais fundado, *Straphylococcus*, tem 50 (37,31%) amostras diferentes que contêm algumas espécies. O terceiro género mais fundado é Pseudomonas, com 13 (9,70) espécies. O quarto género, *Acinetobac*, contém 4 amostras positivas de *Acinetbacter* (2,98%), representadas por um gráfico de pizza.

Genus Names	Species	Percentage
Enterobacter	67	50%
Staph	50	37.31%
Salmonella	20	14.92%
Pseudo	13	9.70%
Acinetobacter	4	2.98%

4.1 GRÁFICO CIRCULAR DO TOTAL DE ESPÉCIES ISOLADAS

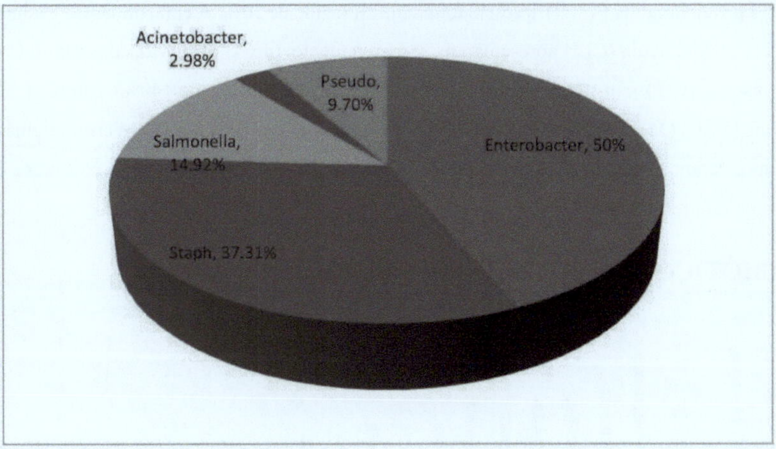

Foram isoladas diferentes espécies de estafilococos. Estafilococos *coagulase negativa* 20 amostras, estafilococos resistentes à meticilina (MRSA) 13 amostras, *Stahylococcus aureus* 16 amostras, Staph-equi 1 amostra. *Pseudomonas-auragenosa* e espécies diferentes 13 amostras, *Enterobacter* e espécies diferentes foram isoladas de 67 amostras das 134 amostras isoladas.

Foram isoladas diferentes espécies de *Enterobacter, Enterobacter-terato, Enterobacter-aerogenes, Enterobacter-cloacae, Klebsiella-oxytoca, Enterobacter-facium, Enterobacter-faecalis, Proteus-merabilis, Serratia-lactoferi, E-coli, Klebsiella-pneumoniae.* A espécie mais isolada do género Enterobacter é a Klebsiella-pneumoniae, que se encontra em 14 (10,44%) amostras de sangue. A segunda espécie mais encontrada *de Enterobacter* é E-coli 13 (9,70%).

Os grupos mais importantes e mais fundados de diferentes tipos de organismos.

4.2 Estratificado COAGULASE NEGATIVO (CoNS):

PEN, AMP, COT, ERY, CLO, CLR, TET, DOX, GEN, TOB, AMI, CIP, OFL, AUG, UNA, MXF, CEPH, CZ, CL, QDA, LNZ, VAN, CLI, NOR, TGC, AMO, estes antibióticos foram utilizados para o teste de suscetibilidade. Entre os diferentes antibióticos utilizados para o teste de suscetibilidade de CoNS. A amicacina (AMI) apresentou 70% da atividade mais elevada contra o CoNS. E a segunda maior atividade contra o CoNS

A doxiciclina (DOX) apresentou 60%, a gentamicina (GEN) e o cotrimoxazol (55%). A cefradina (CEPH) e a vancomicina (VAN) apresentaram uma atividade de 50%. A cefazolina (CZ), a linezolida (LNZ) e a clindamicina (CLI) apresentaram, respetivamente, (45%) de atividade contra o CoNS. A ciprofloxacina (CIP) e a cefalexina (CL) apresentaram uma atividade (40%) contra o SNC. A tigarcilina (TGC) (35%) e a moxifloxacina (MXF) (30%), a cloxacilina (CLO) e a eritromicina (ERY) (25%) mostraram resistência, respetivamente, a clitromicina (CLR) (20%) e a ceftrixona (CRO) (10%) mostraram resistência.

ANTIBIÓTICO SENSÍVEL CONTRA CONS

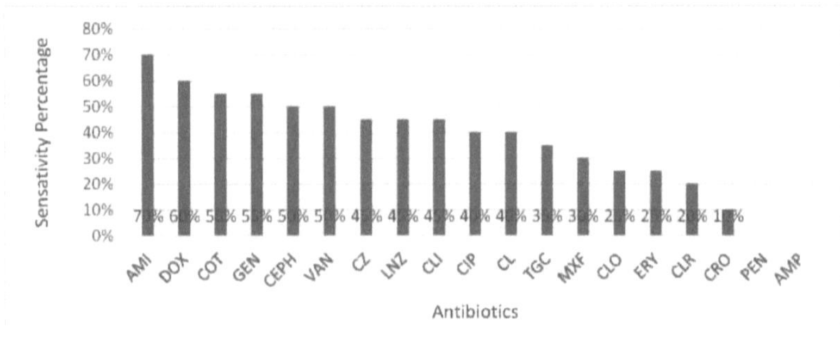

4.3 *STAPH-AUREUS* (COAGULASE POSITIVA):

PEN, AMP, COT, ERY, CLO, CLR, TET, DOX, TOB, GEN, AMI, CIP, OFL, AUG, UNA, FA, MXF, CEPH, CZ, CL, CLI, TGC, AMO, foram utilizados para testes de sensibilidade de espécies de Staphylococcus coagulase positiva.

A linezolida apresentou a atividade mais elevada (68,75%). O segundo antibiótico mais ativo foi o AUG (62,5%), seguido da Clindamicina TGC (56,25%), Sulbactam-Ampicilina (UNA) (56,25%) e Ofloxacina (OFL) (56,25%). Doxiciclina (DOX), tetraciclina (TET) e vancomicina (VAN), respetivamente (50%), sensíveis a Staphylococcus-aureus. O Cotrimoxazol (COT) (45%), a Eritromicina (ERY) (35%), a Cefradina (CEPH), a Cefazolina (CZ) e a Cefalexina (CL), a Ampicilina (AMP), a Penicilina (PEN) e a Moxifloxacilina (MXF) (18,75%) foram alternativamente sensíveis. A cloxacilina (CLO) e a tazobactum-pipracilina (TZP) foram consideradas as mais resistentes.

4.4 *SALMONELAS* E ESPÉCIES:

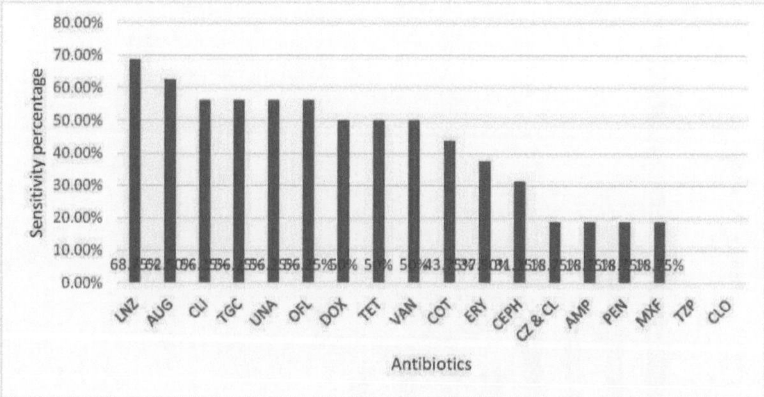

AMP, PEN, COT, CIP, CEFT, CRO, NAL, CAP, AZT, AMO, DOX, IMP, MEM, TET, foram aplicados para a suscetibilidade de Salmonella. A atividade mais elevada contra a Salmonella e as suas diferentes espécies foi demonstrada pela ceftriaxona (CRO) a 80%. A segunda maior atividade contra a Salmonella e as suas espécies foi demonstrada pela Ciprofloxacina (CIP) 45%. E o terceiro antibiótico mais ativo contra a Salmonella é a Amoxicilina e o Co-trimoxazol 25%. A amoxicilina (AMO), a azitroromicina (AZT), o clorofenicol (CAP) e a ofloxacina (OFL) (15%) mostraram-se sensíveis. A tetraciclina (TET), a doxiciclina (DOX), a impencilina (IMP), o meropenm (MEM) e o tazobactam-pipraciln (TZP) (5%) revelaram-se sensíveis. A penicilina (PEN) e o ácido neldexico (NAL) foram considerados os menos sensíveis.

ANTIBIÓTICO SENSÍVEL CONTRA AS SALMONELAS

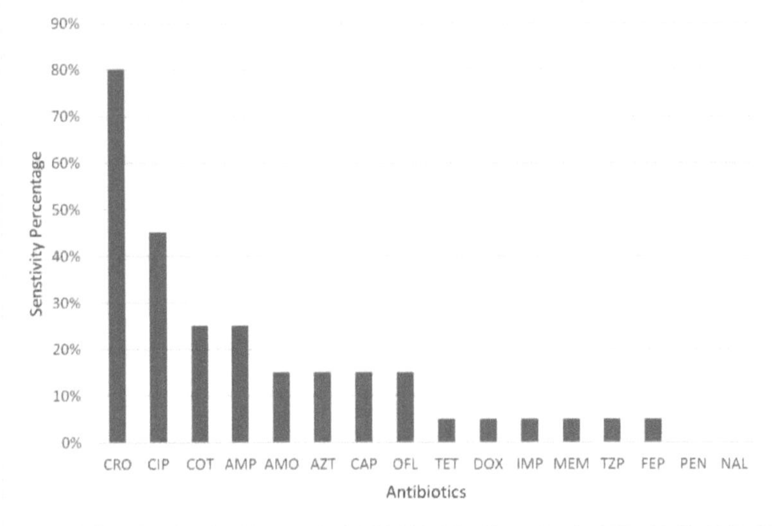

4.5 *PSEUDOMONAS AUREGENOSA* E ESPÉCIES:

Os antibióticos TZP, LEVO, FEP, MEM, IMP, PB, CIP, ATM, SCF, GEN, AK, CAZ, AMI foram utilizados para a suscetibilidade das espécies de Pseudomonas.61%) e Ciprofloxacina (76,92%), Meropenem (MEM) (69%), Gentamicina (GEN) (69%), O terceiro antibiótico mais sensível contra a Pseudomonas é a Gentamicina e o Meropenem (69,23%). O tazobactum-piperacilina (TZP) (53,84%), o imipenem (46,15%) e a polimexina-B (PB), a levfloxacina (LEV) e a cefazolina (CZ) (31%) mostraram-se sensíveis, respetivamente, e a azitromicina (AZT) (22%). A penicilina (PEN), a ampicilina (AMP), a cefotaxima (CEFT), a ceftrixona (CRO) e a ceftizoxima (ZOX) revelaram-se menos activas.

ANTIBIÓTICOS SENSÍVEIS CONTRA PSEUDO

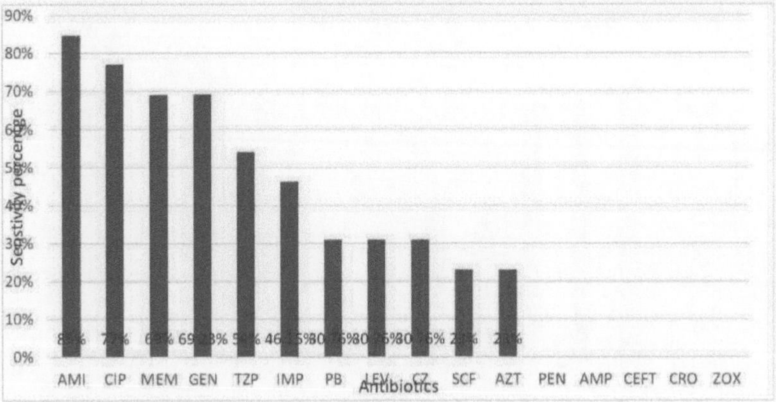

4.6 *ESCHERICHIA COLI*:

Foram utilizados diferentes antibióticos para determinar a suscetibilidade (MEM, TGC, SCF, TZP, AK, IMP, FEP, AMP, CRO, GEN, DOX, COT, CIP e AMC). O Imipenem (IMP) e o Meropenem (MEM) (69,23%) são altamente activos contra o organismo Escherichia coli. A amicacina e a polimixina-B (61,5%) foram activas e a tazobactum-piracilina (TZP) e a gentamicina (GEN) (38,46%), o cotrimoxazol (COT) (22%), a doxiciclina (DOX) (15%) e a tigarcilina (TGC) (5%) foram activas contra a E-Coli. A ampicilina (AMP) e a penicilina (PEN) mostraram-se altamente resistentes.

ANTIBIÓTICO SENSÍVEL CONTRA E-COLI

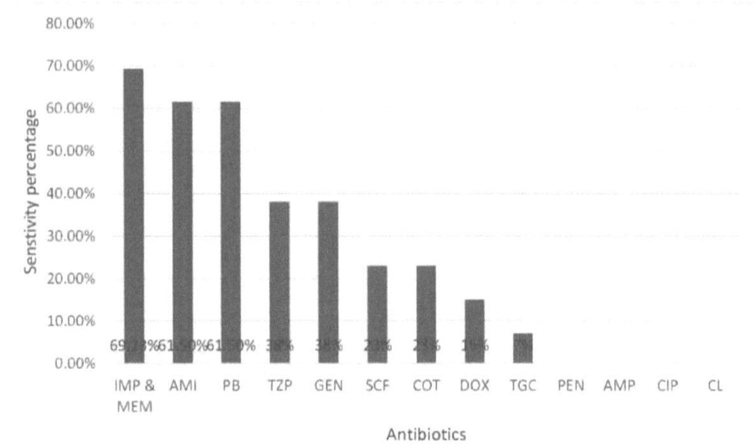

4.7 *KLEBSIELLA-PNEUMINIAE* E *ESBL KLEBSIELLA-PNEUMONIAE*:

(MEM, TGC, PEN, VAN, LNZ, SCF, TZP, AK, IMP, FEP, AMP, CRO, GEN, DOX, COT, CIP, AMC) foram utilizados para testes de suscetibilidade de Klebsiella Pneumoieae e outras espécies de Klebsiella.

Os antibióticos mais sensíveis contra o K-P, ao nível mais elevado, são o Imipenem (IMP) 66,66% , o Meropenem (MEM), o Imipenem (IMP) (61,11%) e a Polimixina-B (55,55%), a Tigarcilina (TGC) (44,44%). A doxiciclina (DOX) (38%), a ciprofloxacina (CIP) e a tetraciclina (33,3%), o co-trimoxazol (COT) e a cefotaxima (CEFT) (22,22%), o ácido clavulânico-amoxiciclina (AUG) (11%) e o cloranfenicol (CAP) (5%) mostraram-se sensíveis contra as espécies K-P e K-P. A ampicilina (AMP) e a amoxicilina-ácido clavulânico (AUG) revelaram-se altamente resistentes.

ANTIBIÓTICO SENSÍVEL CONTRA KLEBSIELLA-PNEUMONIAE

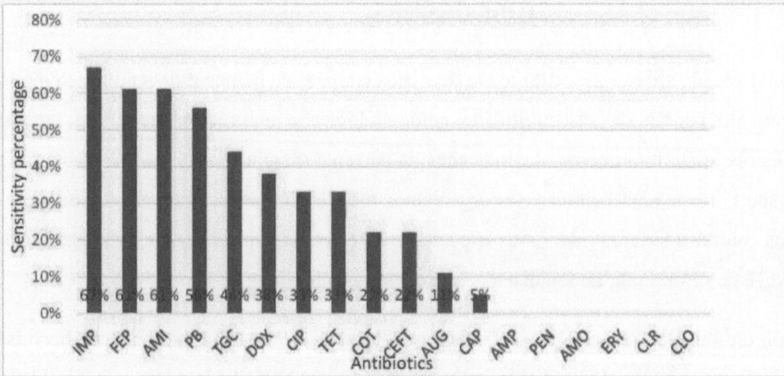

Capítulo 5

DISCUSSÕES

Este estudo foi efectuado sobre a suscetibilidade de vários isolados de hemoculturas no nosso meio. O conhecimento do padrão de suscetibilidade epidemiológica e antimicrobiana é útil para o tratamento autêntico e fácil do doente. As infecções da corrente sanguínea estão associadas a uma mortalidade e morbilidade significativas. Os organismos mais encontrados foram Staphylococcus-aureus, géneros enterobacteriaceae de várias espécies e espécies de Pseudomonas. Este estudo foi realizado na AFIP de rawalpindi, no Paquistão. Antes deste estudo

l) Foi efectuado um trabalho semelhante na Índia, no Departamento de Microbiologia, no hospital governamental e na faculdade de medicina em Chandigar, em 2005. Padrão de suscetibilidade antimicrobiana de vários isolados de sangue de um hospital universitário no Norte da Índia, mas na Índia os organismos mais isolados são o isolado de Entrobacter gunus. Neste estudo, as espécies mais frequentemente isoladas são Staphylococcus aureus, Staphylococcus aureus resistente à meticilina, Staphylococcus coagulase-negativo e Enterobacter isolado em segundo lugar.

2) Outro estudo semelhante foi efectuado na Nigéria, nos Departamentos de Pediatria e na Faculdade de Ciências Clínicas da Universidade de Calabar, Nigéria, que estudou isolados bacterianos de culturas de sangue de crianças com suspeita de septicemia. Na Nigéria, os isolados mais frequentes foram Staphylococcus aureus.

3) semelhante a este estudo que foi realizado nos Estados Unidos em 2002, Prevelência e suscetibilidade antimicrobiana de bactérias isoladas de hemoculturas de doentes hospitalizados nos Estados Unidos em 2002. Se compararmos este estudo com o estudo dos E.U.A., verificamos o padrão de suscetibilidade dos isolados víricos. Nos E.U.A., a espécie isolada mais frequente é o estafilococo coagulase-negativo e, neste estudo, o Enteroacter foi a espécie isolada mais frequente.

4) Este estudo estabeleceu, na Turquia, um padrão de resistência aos antibióticos de estirpes de estafilococos coagulase-negativos provenientes de hemoculturas de doentes com septicemia na Turquia. Neste estudo, determinou-se que os estafilococos coagulase-negativos resistentes à metacilina são mais resistentes aos antibióticos do que os estafilococos coagulase-negativos susceptíveis à metacilina.

Capítulo 6

CONCLUSÃO

O tamanho total da amostra de sangue foi de 135, sendo 64,92% do sexo masculino e 35,07% do sexo feminino. Foram isolados diferentes géneros como Enterobacter, Staphylococcus, Salmonella, Pseudomonas e Acinetobacter. Para os estafilococos coagulase-negativos, a amicacina (AMI) (70%) mostrou a maior atividade e a penicilina (PEN) e a ampicilina (AMP) a menor atividade contra os estafilococos coagulase-negativos, e a linezolida (LNZ) (68,75%) mostrou a maior atividade e o tazobactam-piperacilina mostrou a menor atividade contra o Staph-aureus (estafilococos coagulase-positivos). A ceftrixona (CRO) apresentou a atividade mais elevada e a penicilina (PEN) e o ácido nalidexico (NAL) apresentaram a menor atividade contra o género Salmonella.

A amicacina (AMI) (85%) apresentou a maior atividade e a penicilina (PEN), a ampicilina (AMP), a ceftrixona (CEFT), a ceftrixona (CRO) e a ceftizoxima (ZOX) apresentaram a menor atividade contra os géneros de Pseudomonas. O Imipenem (IMP) e o Meropenem (MEM) (69,23%) apresentaram a maior atividade e a Penicilina (PEN), a Ampicilina (AMP), a Ciprofloxacina (CIP) e a Cefalexina (CL) apresentaram a menor atividade contra a E. coli. enquanto que o Imipenem (IMP) (67%) apresentou a atividade mais elevada e a Ampicilina (AMP), a Penicilina (PEN), a Amoxicilina (AMO), a Eritromicina (ERY), a Clarihromicina (CLR) e a Cloxacilina (CLO) apresentaram a menor atividade contra as β-lactamases de espetro alargado de Klebsiella-pneumoniae e Klebsiella-pneumoniae.

REFERÊNCIAS

2012a. MANUAL DE MEDICINA LABORATORIAL, rawalpindi.

2012b. *MANUAL DE MEDICINA DE LABORATÓRIO,* Instituto de Patologia das Forças Armadas Rawalpindi-Paquistão.

A.PAPADAKIS, S. J. M. M. 2012. *current medical diagnosis and treatment,* newyork, Mc Graw Hill.

AKLILU, E., NURHARDY, A., MOKHTAR, A., ZAHIRUL, I. & SITI ROKIAH, A. 2016. Deteção molecular de Staphylococcus aureus resistente à meticilina (MRSA) e Staphylococcus epidermidis resistente à meticilina (MRSE) isolados em carne de frango crua. *InternationalFoodResearchJournal,* 23, 322-325.

BAJPAI, N., UPADHYAY, V., AGRAWAL, A. & PANDEY, P. Um modelo matemático não newtoniano sobre o fluxo sanguíneo médio renal bifásico nas arteríolas renais com especial referência à infeção renal (ITU).

BALK, R. A. 2000. Sepse grave e choque sético: definições, epidemiologia e manifestações clínicas. *Critical care clinics,* 16, 179-192.

BOHTE, R., VAN FURTH, R. & VAN DEN BROEK, P 1995. Etiology ofcommunity-acquired pneumonia: a prospective study among adults requiring admission to hospital. *Thorax,* 50, 543-547.

BRUMFITT, W. & HAMILTON-MILLER, J. 1989. Methicillin-resistant Staphylococcus aureus. *NewEnglandJournalofMedicine,* 320, 1188-1196.

CEKSTERYTE, V., BALZEKAS, J., BALTUSKEVICIUS, A. & JURGEVICIUS, E. 2012. O uso da mistura de pão de abelha e mel no tratamento de doenças hepáticas em pacientes dependentes de álcool. *Chemical Technology,* 60, 62-66.

CRYZ, S., FURER, F. & GERMANIER, R. 1984. Sepsis experimental de Klebsiella pneumoniae em feridas de vagabundo: papel do polissacárido capsular. *Infection and immunity,* 43, 440-441.

DEL RIO, A., GARCIA-DE-LA-MARIA, C., ENTENZA, J., GASCH, O., ARMERO, Y., SOY, D., MESTRES, C., PERICAS, J., FALCES, C. & NINOT, S. 2016. Fosfomicina mais β-lactâmicos como combinações bactericidas sinérgicas para endocardite experimental devido a resistência à meticilina e intermediários de glicopeptídeos Staphylococcus aureus.

Antimicrobial agents and chemotherapy, 60, 478-486.

DELLINGER, R. P., LEVY, M. M., RHODES, A., ANNANE, D., GERLACH, H., OPAL, S. M., SEVRANSKY, J. E., SPRUNG, C. L., DOUGLAS, I. S. & JAESCHKE, R. 2013. Surviving Sepsis Campaign: diretrizes internacionais para o gerenciamento de sepse grave e choque sético, 2012. *Intensive care medicine,* 39, 165-228.

DIEKEMA, D., BEEKMANN, S., CHAPIN, K., MOREL, K., MUNSON, E. & DOERN, G. 2003. Epidemiology and outcome of nosocomial and community-onset bloodstream infection. *Journal ofClinicalMicrobiology,* 41, 3655-3660.

DIEKEMA, D., PFALLER, M., JONES, R., DOERN, G., WINOKUR, P., GALES, A., SADER, H., KUGLER, K. & BEACH, M. 1999. Survey of bloodstream infections due to gramnegative bacilli: frequency of occurrence and antimicrobial susceptibility of isolates collected in the United States, Canada, and Latin America for the SENTRY Antimicrobial Surveillance Program, 1997. *ClinicalInfectiousDiseases,* 29, 595-607.

DOMENICO, P., JOHANSON, W. & STRAUS, D. 1982. Lobar pneumonia in rats produced by clinical isolates ofKlebsiella pneumoniae. *Infection and immunity,* 37, 327-335.

EHRENWORTH, L. & BAER, H. 1956. A patogenicidade de Klebsiella pneumoniae para ratos: a relação com a quantidade e a taxa de produção de polissacárido capsular específico do tipo. *Journal of bacteriology,* 72, 713.

FAROKA, D., RIFA'I, M. & RAHAYU, S. Makara Journal ofHealth Research.

FERNEA, A., GALLENI, M. & FRERE, J.-M. 2016. Cinética da Interação entre BAL29880 e LK157 e a β-lactamase CHE-1 Classe C. *Agentes antimicrobianos e quimioterapia*, AAC. 02062-15.

HESSEK, A. P & PULVERER, G. 1983. Hemaglutininas de Klebsiella pneumoniae e Klebsiella oxytoca. *Zentralblatt fur Bakteriologie, Mikrobiologie und Hygiene. 1. Abt. Originale. A, Medizinische Mikrobiologie, Infektionskrankheiten und Parasitologie,* 255, 472-478.

HISATSUNE, J. & SUGAI, M. 2016. Emergência de estafilococos virulentos que anulam a imunidade inata da pele nas comunidades. *Immunology of the Skin (Imunologia da pele).* Springer.

HORAN, T., CULVER, D., JARVIS, W., EMORI, G., BANERJEE, S., MARTONE, W. & THORNSBERRY, C. 1988. Pathogens causing nosocomial infections preliminary data from the national nosocomial infections surveillance system. *Antimicrobic Newsletter,* 5, 65-67.

HULTERSTROM, A. K., SELLIN, M., MONSEN, T., WIDERSTROM, M., GURRAM, B. K. & BERGGREN, D. 2016. Bacterial flora and the epidemiology of staphylococcus aureus in the nose among patients with symptomatic nasal septal perforations. *Ata oto-laryngologica,* 1-6.

ISMAIL, A. H. & JAAFAR, M. S. Deposição de Impacto de Progenitores de Radão (218Po, 214Po e 210Po) na Superfície do Sangue Humano: Estudo In Vitro. Mecânica Aplicada e Materiais, 2012. Trans Tech Publ, 2004-2009.

JAMIESON, D. J., UYEKI, T. M., CALLAGHAN, W. M., MEANEY-DELMAN, D. & RASMUSSEN, S. A. 2014. O que os ginecologistas-obstetras devem saber sobre o Ébola: uma perspetiva dos Centros de Controlo e Prevenção de Doenças. *Obstetrics & Gynecology,* 124, 1005-1010.

JARVIS, W. R. 2002. The evolving world of healthcare-associated bloodstream infection surveillance and prevention: is your system as good as you think? *Infection Control & HospitalEpidemiology,* 23, 236-238.

JOINER, K. A. 1988. Evasão do complemento por bactérias e parasitas. *Revisões Anuais em Microbiologia,* 42, 201-230.

JONES, G. W. & ISAACSON, R. E. 1982. Proteinaceous bacterial adhesins and their receptors. *CRC Critical reviews in microbiology,* 10, 229-260.

KATAKWEBA, A. S., MUHAIRWA, A. P., ESPINOSA-GONGORA, C., GUARDABASSI, L., MTAMBO, M. M. & OLSEN, J. E. 2016. tipagem de spa e resistência antimicrobiana de Staphylococcus aureus de humanos, porcos e cães saudáveis na Tanzânia. *The Journal of InfectioninDevelopingCountries,* 10, 143-148.

LEIBOVICI, L., KONISBERGER, H., PITLIK, S. D., SAMRA, Z. & DRUCKER, M. 1992. Bacteremia e fungemia de origem desconhecida em adultos. *Clinical Infectious Diseases,* 14, 436-443.

LEVINSON, W. 2012. *Microbiologia médica e imunidade,* Estados Unidos da América Cenveo Publisher Services.

LIU, X., PAI, P.-J., ZHANG, W., HU, Y., DONG, X., QIAN, P.-Y., CHEN, D. & LAM, H. 2016. Resposta proteómica de S. aureus resistente à meticilina a uma combinação sinérgica de fármacos antibacterianos: derivado de eritromicina anovel e oxacilina. *Relatórios científicos,* 6.

MOLINA-MANSO, D., DEL-PRADO, G., GOMEZ-BARRENA, E., CORDERO-AMPUERO, J., FERNANDEZ-ROBLAS, R. & ESTEBAN, J. 2016. Efeito de diferentes agentes com potencial atividade antibiofilme na suscetibilidade antimicrobiana de biofilmes formados por Staphylococcus spp. isolados de infecções relacionadas com implantes. *TheJournal ofantibiotics*.

OLD, D., TAVENDALE, A. & SENIOR, B. 1985. Um estudo comparativo das fímbrias do tipo 3 de espécies de Klebsiella. *Journal ofmedical microbiology,* 20, 203-214.

PENA, C., PUJOL, M., ARDANUY, C., RICART, A., PALLARES, R., LINARES, J., ARIZA, J. & GUDIOL, F. 1998. Epidemiologia e controlo bem sucedido de um grande surto devido a Klebsiella pneumoniae produtora de β-lactamases de espetro alargado. *Antimicrobial agents and chemotherapy,* 42, 53-58.

PODSCHUN, R., HEINEKEN, P & SONNTAG, H. 1987. Hemaglutininas e propriedades de aderência a células HeLa e intestino 407 de isolados de Klebsiella pneumoniae e Klebsiella oxytoca. *Zentralblatt fur Bakteriologie, Mikrobiologie und Hygiene. Série A:*

Microbiologia Médica, Doenças Infecciosas, Virologia, Parasitologia, 263, 585-593.

PODSCHUN, R. & ULLMANN, U. 1992. Klebsiella capsular tipo K7 em relação à toxicidade, suscetibilidade à fagocitose e resistência ao soro. *Journal of medical microbiology,* 36, 250-254.

PODSCHUN, R. & ULLMANN, U. 1993. Bacteriocin typing of environmental Klebsiella isolates. *Zentralblatt fur Hygiene und Umweltmedizin= Revista internacional de higiene e medicina ambiental,* 195, 22-26.

PODSCHUN, R. & ULLMANN, U. 1998. Klebsiella spp. como agentes patogénicos nosocomiais: epidemiologia, taxonomia, métodos de tipagem e factores de patogenicidade. *Clinical microbiology reviews,* 11, 589-603.

QRSKOV, F. & ORSKOV, I. 1984. Serotipagem de Escherichia coli. *Methods in microbiology,* 14, 43-112.

RAMM, L. E., WHITLOW, M. B. & MAYER, M. M. 1983. Distribuição do tamanho e estabilidade dos canais trans-membranares formados pelo complexo C5b-9 do complemento. *Molecular immunology,* 20, 155-160.

SHEAGREN, J. N. 1984. Staphylococcus aureus: o agente patogénico persistente. *New England Journal ofMedicine,* 310, 1437-1442.

SIMOONS-SMIT, A., VERWEIJ-VAN VUGHT, A., KANIS, I. & MACLAREN, D. 1985. Chemiluminescence of human leukocytes stimulated by clinical isolates of Klebsiella. *Journal ofmedical microbiology,* 19, 333-338.

SIMOONS-SMIT, A., VERWEIJ-VAN VUGHT, A. & MACLAREN, D. 1986. O papel dos antigénios K como factores de virulência em Klebsiella. *Journal ofmedical microbiology,* 21, 133-137.

TAYLOR, P W. 1983. Atividade bactericida e bacteriolítica do soro contra bactérias gram-negativas. *Microbiological reviews,* 47, 46.

TROUILLET-ASSANT, S., LELIEVRE, L., MARTINS-SIMOES, P., GONZAGA, L., TASSE, J., VALOUR, F., RASIGADE, J. P., VANDENESCH, F., MUNIZ GUEDES, R. L. & RIBEIRO DE VASCONCELOS, A. T. 2016. Processos adaptativos de isolados de Staphylococcus aureus durante a progressão de infeções agudas para infeções crónicas dos ossos e articulações em pacientes. *Cellular microbiology.*

VOSTI, K. & RANDALL, E. 1970. Sensibilidade de estirpes serologicamente classificadas de Escherichia coli de origem humana ao sistema bactericida do soro. *The American journal of the medical sciences,* 259, 114-119.

WEINSTEIN, M. P., TOWNS, M. L., QUARTEY, S. M., MIRRETT, S., REIMER, L. G., PARMIGIANI, G. & RELLER, L. B. 1997. The clinical significance of positive blood cultures in the 1990s: a prospective comprehensive evaluation of the microbiology, epidemiology, and outcome of bacteremia and fungemia in adults. *Clinical Infectious Diseases,* 24, 584-602.

WILSON, B. A., GARUD, N. R., FEDER, A. F., ASSAF, Z. J. & PENNINGS, P S. 2016. A genética populacional da evolução da resistência aos medicamentos em populações naturais de agentes patogénicos virais, bacterianos e eucarióticos. *Molecular ecology,* 25, 42-66.

More Books!

MIX
Papier aus verantwortungsvollen Quellen
Paper from responsible sources
FSC® C105338

Printed by Books on Demand GmbH, Norderstedt / Germany